VILLE DE BORDEAUX

GUIDE & PROGRAMME

de

l'Exposition Maritime Internationale

de

BORDEAUX

— 1907 —

Prix : 25 centimes.

Publicité FUSERET
Déposée

TABLEAU DE CLASSIFICATION

Groupe I. — Histoire de la Marine et des Beaux-Arts.
Groupe II. — Enseignement.
Groupe III, — Cartes et Instruments.
Groupe IV. — Navigation de commerce et de plaisance.
Groupe V. — Marine de gucrre.
Groude VI. — Matériaux de construction.
Groupe VII. — Machines motrices et Propulsenrs.
Groupe VIII. — Armement et Apparaux divers.
Groupe IX. — Navigation automobile et Embarcations de tout genre.
Groupe X. — Aéronautique.
Groupe XI. — Travaux des ports et rades.
Groupe XII. — Pêches maritimes et fluviales.
Groupe XIII. — Hygiène, Sauvetage et Sports.
Groupe XIV. Approvisionnement de bord, Alimentation générale.
Groupe XIV bis. — Agriculture, Horticulture.
Groupe XV. — Industries diverses.
Groupe XVI. — Rapports commerciaux de Bordeaux avec les colonies.
Groupe XVII. — Economie sociale. Œuvres de mutualité et de bienfaisance.

Comité Consultatif Bordelais.

Membres :

MM.			
BEYSSELANCE......	Présid^t	du groupe	I (sect. I).
MESTREZAT (James)	—	—	I (sect. II).
PITRES (D^r)........	—	—	II (sect. I).
GUESTIER (Daniel).	—	—	II (sect. II).
	—	—	XII.
GAYON............	—	—	III.
BUHAN (Pascal)....	—	—	IV.
BOULINEAU (Amiral)	—	—	V.
BARON............	—	—	VI.
LESPÈS............	—	—	VII.
MILLET (A.).......	—	—	VIII.
LANNELUC-SANSON.	—	—	IX.
BAUDRY (C.-F.)....	—	—	X.
VIDAL.............	—	—	XI.
NABIAS (D^r DE)....	—	—	XIII.
RODEL (Ph.).......	—	—	XIV.
GUESTIER (Georges)	—	—	XIV bis.
SAULIÈRE (Edouard)	—	—	XV.
HUYARD (Etienne)..	—	—	XVI.
BESSE (Edmond)...	—	—	XVII (sect. I).
SAMAZEUILH (Fern.)	—	—	XVII (sect. II).

CLASSIFICATION GÉNÉRALE

GROUPE I.

Histoire de la Marine et des Beaux-Arts.

SECTION I.

Classe 1.— Histoire de la navigation à voiles et de la navigation à vapeur. Exposition retrospective des divers moyens de navigation, par originaux, modèles, reproductions ou estampes. Armes et costumes.

SECTION II.

Classe 2.— Beaux-Arts anciens et modernes. Peinture, sculpture, aquarelle, gravure, lithographie. Architecture. Art décoratif.

GROUPE II.

Enseignement.

SECTION I.

Classe 3.— Programmes. Matériel d'enseignement. Organisation et statistique. Ecole des mousses et des novices. Ecoles navales : *le Borda*. Ecoles d'application : *l'Iphigénie*. Ecoles du génie maritime. Ecoles d'hydrographie. Ecoles de pyrotechnie. Ecoles des mécaniciens. Ecoles de médecine et de pharmacie navales. Ecoles de commerce. Institut maritime.

Classe 4.— Sociétés maritimes de propagande ou d'études: Association internationale de la marine. Association technique maritime. Société des études coloniales et maritimes. Sociétés savantes. Société de géographie. Société de géographie commerciale. Société de l'enseignement professionnel et technique des pêches maritimes. Travaux et publications. Revues, journaux maritimes.

SECTION II.

Classe 5.— Océanographie. Enseignement et matériel. Laboratoires maritimes et navires spéciaux. Colections ichtyologiques. Flore et faune sous-marines.

GROUPE III.

Cartes et Instruments.

Classe 6.— Cartes et appareils de géographie et de cosmographie. Cartes et atlas géographiques, hydrographiques, astronomiques, etc. Globes et sphères célestes ou terrestres. Tables et éphémérides à l'usage des astronomes et des marins.

Classe 7.— Instruments de précision et d'optique, appareils et instruments de géodésie, compas, niveaux, boussoles, baromètres, thermomètres, jumelles, sextants, etc. Instruments d'astronomie et de météorologie. Appareils de sondages, lochs, marégraphe, etc.

Classe 8.— Horlogerie de précision pour la marine et l'astronomie.

GROUPE IV.

Navigation de commerce et de plaisance.

Classe 9.— Dessins et modèles de navires usités pour les transports maritimes de marchandises ou de passagers, paquebots, steamers, cargos, etc.

Classe 10.— Dessins et modèles de navires usités pour les rades et la navigation fluviale et lacustre.

Classe 11.— Dessins et modèles de bâtiments de pêche.

Classe 12.— Dessins et modèles de yachts et embarcations de plaisance.

Classe 13.— Dessins et modèles de navires à voiles.

Classe 14.— Canots et embarcations de services à voile et à l'aviron. Canots démontables et repliables, etc., pour la marine de guerre et la marine de commerce.

GROUPE V.

Marine de guerre.

Classe 15.— Dessins et modèles de navires.

Classe 16. Cuirassement et protection. Essais de blindages.

Classe 17. Artillerie et torpilles. Armes portatives.

Classe 18.— Navigation sous-marine.

GROUPE VI.

Matériaux de construction.

Classe 19.— Matières premières et matériaux de fer et d'acier spécialement appropriés à la construction ou à l'armement des navires, tôles, fers profilés, etc.

Classe 20.— Cuivre, bronze, alliages divers, etc,

Classe 21.— Bois de construction, mâture, etc.

Classe 22.— Corderie, câbles, cordages, etc. Toile à voiles, bâches, prélarts, etc.

Classe 23.— Amiante, caoutchouc, gutta-percha

Classe 24. Peintures sous-marines pour carènes de navires eu fer, acier ou bois, huiles, vernis, essences, couleurs, goudrons, coaltar, matières diverses, etc.

Classe 25.— Outillage des chantiers et ateliers de construction. Machines-outils.

Classe 26. — Menus accessoires de coques. Hublots, dalots, quincaillerie de marine.

GROUPE VII.

Machines motrices et Propulseurs

Classe 27.— Appareils moteurs de navires de guerre et de commerce. Machines à vapeur à mouvement alternatif à hélices. Machines à roues. Appareils de condensation. Appareils auxiliaires des moteurs principaux, graissage, compteurs de tours, etc. Propulseurs. Hélices diverses. Roues à aubes.

Classe 28.— Chaudières marines. Appareils auxiliaires des chaudières, pompes alimentaires, filtres, monte-escarbilles, éjecteurs.

Classe 29.— Machines à combustion intérieure. Moteurs à pétrole lourd, à essence, à alcool, à gaz pauvre.

Classe 30.— Turbines motrices à vapeur. Turbines à combustion intérieure. Turbines hydrauliques, etc.

Classe 31.— Combustibles solides et liquides.

GROUPE VIII

Armement et Apparaux divers.

Classe 32.— Appareils spéciaux pour la production et l'emploi de l'électricité ; dynamos, etc. Signaux électriques, projecteurs. Télégraphie sans fil. Téléphones, microphones, sonneries, accumulateurs, etc.

Classe 33.— Appareils pour la manœuvre des ancres, des gouvernails, des embarcations, de la voilure, des signaux, etc. Transmetteurs d'ordres. Grues et treuils de chargement, appareils Temperley, etc.

Classe 34.— Ancres et câbles. Chaînes. Haussières en fer.

Classe 35.— Pompes d'épuisement et pompes à incendie à bras et à vapeur ; appareils d'incendie à bord.

Classe 36. — Armement des bateaux de pêche. Filets, chaluts, nasses. Harpons, lignes à pêcher. Pièges à homards, etc.

Classe 37.— Appareils frigorifiques et appareils de congélation de divers systèmes.

Classe 38.— Appareils de conservation des grains.

Classe 39.— Appareils d'éclairage. Feux de position et de signaux.

Classe 40.— Appareils de chauffage.

Classe 41.— Appareils d'aérage et de ventilation.

GROUPE IX

Navigation automobile et Embarcations de tout genre.

Classe 42.— Canots automobiles de course, de service, de promenade.

Classe 43.— Embarcations à vapeur de plaisance et autres.

Classe 44.— Embarcations à moteurs électrique.

Classe 45.— Embarcations à voile et à aviron. Canots de sauvetage.

GROUPE X.

Aéronautique.

Classe 46.— Modèles et documents relatifs à l'histoire de l'aérostation et de l'aviation.

Classe 47.— Ballons captifs et libres. Aérostation militaire. Treuils d'ascention. Voitures de transport. Appareils de gonflement.

Classe 48.— Ballons dirigeables, moteurs et propulseurs.

Classe 49.— Appareils d'aviation, moteurs et propulseurs. Cerfs-volants.

Classe 50. Pigeons voyageurs.

Classe 51.— Matériaux de construction pour ballons et appareils d'aviation. Tissus, vernis, nacelles, soupapes, filets, corderie spéciale, engins d'arrêt, etc.

Fabrication de l'hydrogène et des gaz légers.

GROUPE XI.

Travaux des ports et rades.

Classe 52.— Construction des ports, jetées, bassins, cales de radoub, cales sèches, écluses, etc. Travaux de défense contre les eaux fluviales ou les eaux de la mer. Travaux de rivières navigables.

Classe 53.— Ponts mobiles. Outillage des quais pour le chargement et le déchargement des navires. Silos. Touage et halage mécaniques.

Classe 54.— Phares, feux tournants, feux fixes, bouées diverses, bouées lumineuses, bouées à sirènes.

GROUPE XII.

Pêches maritimes et fluviales.

Classe 55.— Produits des pêches maritimes. Perles, coquilles, nacres, corail, éponges, écailles, baleines, ambres, huiles, graisses et colles de poisson.

Classe 56.— Conservation du poisson. Conserves de poissons salés, séchés, fumés, à l'huile, etc.

Classe 57.— Transport du poisson frais, Wagons-réservoirs et wagons frigorifiques.

Classe 58.— Appareils servant à la préparation et à la conservation des produits de pêche: glacières, viviers, boîtes de conserves et leur fabrication, barils, etc.

Classe 59.— Matières premières pour la conservation: sel, huile, etc.

Classe 60.— Pisciculture et pêche en eau douce. Parcs à huîtres. Ostréiculture.

Classe 61.— Chasse maritime. Collection d'oiseaux et d'animaux amphibies.

GROUPE XIII.

Hygiène, Sauvetage et Sports.

Classe 62.— Appareils et procédés sanitaires. Procédés de désinfection à bord des navires. Service sanitaire dans les ports. Lazarets. Sanatoria.

Classe 63.— Sauvetage des naufragés. Canots de sauvetage. Appareils porte-amarres. Radeaux, bouées et ceintures ou gilets de sauvetage. Matériel et appareils de sauvetage d'incendie.

Classe 64.— Matériel pour le sauvetage des navires. Enlèvement ou destruction des épaves.

Classe 65.—Scaphandres, cloches à plongeur, etc.

Classe 66. Médecine, chirurgie, pharmacie. Produits dérivés des poissons, des varechs ou goémons.

Classe 67.— Hygiène par les sports. Bicyclettes, motocyclettes et automobiles. Touring-Club. Gymnastique, natation, etc.

Classe 68.— Yachting, tourisme nautique. Stations balnéaires. Syndicat d'initiative. Agences de voyages.

GROUPE XIV.

Approvisionnements de bord.
Alimentation générale.

Classe 69.— Matériel et procédés d'exportation rurale viticole pour la viticulture. Statistiques viticoles. Matériel et procédés des industries alimentaires.

Classe 70. —Meunerie, produits farineux et leurs dérivés (amidons, farines, tapiocas, fécules, pâtes, riz, semoules). Biscuits de mer, biscuits de table, boulangerie, pâtisserie.

Classe 71.— Produits agricoles alimentaires d'origine végétale (cafés, thés, huiles comestibles, céréales, graines oléagineuses, légumes et fruits frais).

Produits agricoles alimentaires d'origine animale (beurres. laits, fromages, œufs).

Transport, conservation des œufs, fruits, légumes frais, viandes et animaux.

Classe 72.— Conserves de viande, de poissons, de légumes, de fruits, légumes secs, salaisons de viande, charcuterie.

Classe 73.— Sucres et produits de la confiserie. Fruits confits. Chocolats. Condiments, stimulants, sel, moutarde, épices.

Classe 74 et 75.— Vins, eaux-de-vie de vins, sirops, liqueurs, spiritueux divers, fruits au jus et à l'eau-de-vie, apéritifs, vins de liqueur.

Alcools d'industrie, cidres, bières, eaux-de-vie de cidre.

Classe 76.— Appareils pour la préparation et la conservation de l'eau potable. Eaux minérales et gazeuses. Pasteurisation.

Classe 77.— Tonnellerie. Boissellerie. Appareils vinaires, articles de cave.

GROUPE XIV bis

Agriculture -- Horticulture.

Classe 78.— Matériel et procédé d'horticulture et d'agriculture autre que la viticulture ou les produits d'alimentation.

Classe 79.— Produits agricoles non alimentaires Insectes utiles et leurs produits. Apiculture. Sériciculture. Insectes nuisibles et végétaux parasitaires.

Classe 80.— Outils. Appareils de chauffage des serres et accessoires.

Classe 81.— Arbres, arbustes, plantes et fleurs d'ornement. Plantes de serres, graines, semences et plans d'horticulture et de pépinière.

Classe 82.—Enseignement agricole et horticole. Statistiques. Agronomie.

GROUPE XV.

Industries diverses.

Classe 83.— Art décoratif moderne. Décoration intérieure des paquebots et des yachts. Revêtements, peintures murales.

Bronzes d'art, orfèvrerie, bijouterie, horlogerie, etc.

Classe 84.— Tissus, lingerie, dentelles, confections, corsets,tapisserie, etc.

Classe 85.— Vêtements de marins et de passagers. Vêtements sportifs. Chaussures. Chapellerie. Modes. Habillement et équipement des équiqages, fourrures, pelleterie. Ombrelles, parapluies, parasols de plages.

Classe 86.— Parfumerie, eaux de toilette, dentifrices, savons, coiffures, postiches, etc.

Classe 87.— Matériel de couchage, literie, mobiliers pour paquebots, yachts, etc. Ameublement général.

Classe 88.— Articles de voyage, maroquinerie, tabletterie et bimbeloterie; tentes, stores, jalousies, etc.

Classe 89.— Porcelaine, cristaux, verrerie. Coutellerie.

Classe 90.— Photographie. Appareils de photographie et accessoires.

Classe 91. — Instruments de musique.

Classe 92.— Jeux à bord des paquebots et des

yachts. Modèles de bateaux. Jouets nautiques et scientifiques.

Classe 93.— Industries chimiques, soudes, potasses, engrais, etc.

Classe 94.— Imprimerie et librairie. Typographie. Lithographie, Chromos. Phototypie. Photogravure. Publicité des compagnies de navigation. Publications et bibliothèques maritimes, affiches illustrées, cartes postales. Matériel d'imprimerie, machines à composer et à écrire. Encres d'imprimerie. Papier. Cartes. Carton et industries qui s'y rattachent.

GROUPE XVI.

Rapports commerciaux de Bordeaux avec les colonies.

Classe 95.— Produits d'exportation.

Classe 96. — Produits d'importation.

Classe 97. Sociétés de colonisation. Missions et explorations.

GROUPE XVII.

Economie sociale. Œuvres de mutualité et de bienfaisance.

Section I.

Classe 98. — Statistiques maritimes et douanes. Chambres de commerce. Ports francs.

Classe 99. — Compagnies d'assurances. Bureau Véritas. Sociétés d'assurances maritimes mutuelles.

Classe 100. — Services subventionnés. Services maritimes postaux. Services mariiimes subventionnés par les colonies.

Classe 101. — Droit maritime national et international. Législation.

Section II.

Classe 102. — Caisses de prévoyance entre marins contre les risques et accidents de mer. Coopératives.

Classe 103. — Sociétés des œuvres de mer. Société centrale de sauvetage des naufragés. Société de secours aux familles des naufragés. Orphelins de la mer. Maison du marin. Sociétés, œuvres et institutions subventionnées. Invalides de la marine. Hôpitaux.

La Mutualité dans la Marine.

La Ligue Maritime Française à tenu à faire une place dans la grande Exposition qu'elle organise pour 1907 à l'Economie sociale et notamment à tout ce qui cocerne la prévoyance, la mutualité, la coopération, la bienfaisance, l'hospitalisation, etc. Une Commission spéciale composée d'un certain nombre de personnes appartenant aux Œuvres girondines à été chargé de s'occuper de cette partie de l'Exposition. Cette commission, qui s'est récemment constituée, fait appel à tous les intéressés et sollicite l'adhésion des établissements, Œuvres, Sociétés, Institutions qui, soit par l'esprit de leur fondation, soit par les circonstances de leur développement, préentent un intérêt au point de vue maritime où sont amenés à s'occuper soit des choses de la marine, soit des populations maritimes.

Les classes dont la Commission a à s'occuper figurent à la classification générale dans les termes suivants ;

Economie sociale, Œuvres de Mutualité et de Bienfaisance.

Caisses de prévoyance entre marins contre les risques et accidents de mer. Coopératives.

Sociétés des œuvres de mer. Société centrale de sauvetage des naufragés. Société de secours aux famllles des naufragés. Orphelins de la mer. Maisons du marin. Sociétés. Œuvres et Institutions subventionnées. Invalides de la Marine. Hôpitaux.

Les exposants de ces deux classes ne sont astreints au paiement d'aucun droit d'emplacement ; ils n'ont qu'à acquitter le droit d'inscription.

Les adhésions, communications, demandes de renseignements, etc., peuvent être adressées au Commissariat général, cours du XXX juillet, 26, à Bordeaux.

LES FÊTES A L'EXPOSITION

COMITÉ DES FÊTES

PREMIÈRE COMMISSION

Automobilisme - Aérostation Colombophilie.

Commissaires: MM. Baudry, Maurice Lanneluc-Sanson.

Membres : MM. Ch. de Lirac, Félix Mesnard, Clologe, président de la Fédération des Sociétés Colombophiles, Celier, vice-président de la Fédération des Sociétés Colombophiles.

DEUXIÈME COMMISSION

Yachting.

Commissaires : MM. le vicomte de Curzay, H.Peyrelongue.

Membres : MM. Dr Bergonié, Cailhava, Castéja, G. Chapon, Chasseloup, A. Demay, Rateau, capitaine Terigi, Veyrier-Montagnères.

TROISIÈME COMMISSION

Gymnastique - Natation - Sports divers

Commissaires : MM. Charles Cazalet, Laparra, Shearer, Georges Amigues.

Membres : MM. Baguenard, capitaine Braud, Bontou, baron de Carayon-Latour, B. Damas, Durègne, Laffont, Lange, Dr Gilbert Lasserre, Ed. Lawton, Martial Lurbe, Magne, Marcillac, Maurice Martin, James Maxwell, Ed. Mayaudon, Momay, J. Pancol, de Pontaud, Sajus, Louis Teysseire, Dr Woolonghan.

QUATRIÈME COMMISSION

Musique.

Commissaires : MM. Canizieux, Dolhassarry.

Membres : MM. Daëne, Befolie, Delor, Dr De, nucé, Lagarde, E. Moulinié, Fernand Samazeuilh-Segalas, Sourget, Toursier, Trénit.

CINQUIÈME COMMISSION

Fêtes diverses - Organisation décorative. Publicité.

Commissaire : M. le baron Charles de Pelleport-Burète.

Programme des Fêtes

AVANT-PROJET.

Samedi 7 Septembre

Arrivée des navires de l'Etat à **Bordeaux, Royan, Arcachon.**

Retraite aux flambeaux à **Bordeaux**. Fête de nuit.

Dimanche 8 Septembre

A **Bordeaux**, jeux nautiques, courses de yachts modèles.

A **Arcachon**, régates à la voile et à l'aviron. Gala au au Casino. Fête populaire.

Lundi 9 Septembre.

A **Arcachon**, régates à la voile. Banquet et fête de la Société de la Voile d'Arcachon.

Mardi 10 Septembre.

Croisière d'**Arcachon** à **Royan**. Descente des canots

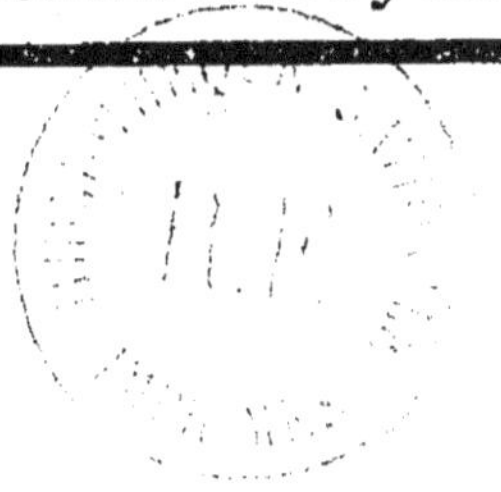

automobiles de **Bordeaux** à **Royan**.

A **Royan**, régates de bateaux pilotes et pêcheurs. Fête de nuit.

Mercredi 11 Septembre

A **Bordeaux**, courses de gabares.

A **Royan**, jeux nautiques, régates à l'aviron et à la voile ; régates de bateaux automobiles. Fête au Casino, fête populaire.

Jeudi 12 Septembre

A **Bordeaux**, courses de yachts modèles. Descente des petits yachts à voiles de **Bordeaux à Pauillac**. Montée des grands yachts à voiles de **Royan à Pauillac**. Banquet et fête.

Vendredi 13 Septembre

A **Pauillac**, régates de bateaux automobiles de **Pauillac à Blaye** et retour ; régates des yachts à voiles. bateaux pilotes et pêcheurs ; fête de nuit.

Samedi 14 Septembre

Cortège des navires de l'Etat, du commerce, des yachts à vapeur et automobiles, organisé par la T.C.F. Croisière des yachts à voile de Pauillac à Blaye.

A **Blaye**, fête de nuit.

A **Bordeaux**, ouverture du Congrès des pêches maritimes. Fête à l'Exposition.

Dimanche 15 Septembre

Montée des yachts à voiles de **Blaye** à **Bordeaux**.

A **Bordeaux**, courses à l'aviron: championnat international et universitaire, yoles à quatre : championnat de course, un rameur ; championnat de France, yoles de mer, quatre rameurs, un barreur.

Régates de bateaux automobiles.

Distribution des prix. Fête vénitienne.

AVIS

Nous avertissons le public que rien n'étant difinitivemement arrêté pour le programme des fêtes, nous donnerons d'autres détails prochainement.

www.ingramcontent.com/pod-product-compliance
Lightning Source LLC
LaVergne TN
LVHW052022160826
845678LV00003B/1159

* 9 7 8 2 3 2 9 6 4 7 8 3 8 *